Bibliografische Information der Deutschen Nationalbibliothek:

Die Deutsche Bibliothek verzeichnet diese Publikation in der Deutschen National-
bibliografie; detaillierte bibliografische Daten sind im Internet über http://dnb.d-
nb.de/ abrufbar.

Impressum:

Copyright © 2007 GRIN Verlag
Druck und Bindung: Books on Demand GmbH, Norderstedt Germany
ISBN: 9783346029188

Dieses Buch bei GRIN:

https://www.grin.com/document/494133

Hartmut Birett

Farbensehen. Entwicklung einer Modellvorstellung nach Hassenstein

GRIN Verlag

Farbensehen
Entwicklung einer Modellvorstellung nach Hassenstein
mit 20 Aufgaben (mit * markiert) und
mit 20 Vorschlägen für Versuche (mit V markiert).
Anmerkungen für Lehrer/innen (mit # markiert).

Inhalt

Vorbemerkung:
Dies ist nicht als eine Unterrichtseinheit, sondern als Materialsammlung gedacht.
Von den aufgezählten Aufgaben und Versuchen habe ich für einen Durchgang
jeweils nur eine kleine Auswahl verwendet.

1. Empirische Daten

1.1 Subtraktive Grundfarben

Maler haben schon früh erkannt, daß man mit Hilfe von 3 Pigmentfarben sowie Schwarz und Weiß fast alle Farbtöne mischen kann. Heute sieht man dies beim Farbdrucker. Dabei wird auf weißem Untergrund mit den drei Pigmentfarben Cyan, Magenta und Gelb und dazu mit der Pigmentfarbe Schwarz die gewünschten Farben gedruckt.
Pigmentfarben leuchten nicht selbst.

(V1) Legt man auf den Overhead-Projektor eine blaugrüne und eine gelbe Folien übereinander, so ergibt sich die Farbe Grün.
Diese Art der Farbmischung ist vom Kunstunterricht bekannt.

1.2 Additive Grundfarben

Wurden dagegen selbst leuchtende Farben - man sagt auch Lichter - z.B. auf der Bühne im Theater auf die gleiche Stelle gestrahlt, so ergeben sich andere Mischfarben. Heute sieht man dies z.B. auf einem Farbbildschirm.

(V2) Mit drei in der Helligkeit regulierbaren Reuterlampen oder Diaprojektoren mit den vorgesetzten Filtern Blauviolett (BG12), Grün (VG9) und Orangerot (RG610) gelingt dies so in etwa.
Heute kann man dies mit einer Dreifarben-LED besser demonstrieren.

(V3) Zuhause kann jeder mit einer Lupe einen Bildschirm an einer weißen Stelle untersuchen. Dort leuchten dicht nebeneinander die Farben Violettblau, Grün und Orangerot. Wie beim Pointilismus fallen bei genügendem Abstand zum Bild die Farbpunkte auf der Netzhaut additiv zusammen.
Zu den Filterbezeichnungen siehe Quellen ([1]).

1.3 Spektralfarben

Wurde Sonnenlicht (Weißes Licht) durch ein Prisma ([2]) oder ein Gitter ([3]) geleitet, so bildete sich ein Spektrum und man hat so den Farben Wellenlängen zugeordnet.
Weiß und Schwarz entsprechen keine Wellenlänge, sie sind physikalisch gesehen keine Farben.

(V4) Ein Spektrum wird demonstriert oder
eine Vorlage mit einem schmalen weißen Strich auf schwarzem Grund ([4]) und
einem schmalen schwarzen Strich auf Weißem Grund ([5]),
sowie ein Prisma und ein Gitter (z.B. mit 5000 Spalte pro mm)
werden für einen Freihand-Versuch herum gereicht.
Die Striche müssen schmal sein, da sich sonst zwei Kantenspektren ausbilden.
Es ist die unterschiedliche Reihenfolge der Farben in den Prisma- und dem Gitter-Spektren zu erkennen.
Als Spektralfarben bezeichnet man Lichter der Wellenlängen, die wir Menschen sehen. Sie liegen im Bereich zwischen 380 nm und 780 nm. (Die Zahlenangaben in der Literatur schwanken. Sie hängen auch von der Intensität der Lichtquelle ab.)
Einige Greifvögel sehen das von Mäusekot reflektierte UV ([6]). Einige Insekten sehen ebenfalls Ultraviolett und einige Schlangen und Insekten Infrarot ([7]).

(V5) Das Infrarot einer Fernbedienung wird von manchen Digital-Cameras in violettes oder weißes Licht übersetzt.

1.4 Mischfarben
Nun konnte man zeigen, daß z.B. ein weiß beleuchtetes blaues Pigment entweder
α) nur blaues Licht reflektiert (die anderen Spektralfarben werden als Wärme absorbiert) oder
ß) nur Gelb absorbiert, aber sonst alle Farben reflektiert.
Im ersten Fall nennen wir das Blau Spektralfarbe, im zweiten Fall Mischfarbe.
Den Unterschied können wir ohne Hilfsmittel (Prisma, Gitter) nicht wahrnehmen.
Dagegen hören wir zwei verschieden hohe gleichzeitig erklingende Töne getrennt.
Im Fall (ß) werden Farben (Lichter) addiert, auch zu Weiß. Schwarz bedeutet kein Licht. Man spricht von additiver Farbmischung [8].
Im Fall (α) wird z.B. von Weiß (also einem Spektralfarben-Gemisch) eine oder mehrere Spektralfarben subtrahiert. Schwarz absorbiert alle Spektralfarben. Man spricht von subtraktiver Farbmischung.
Daß uns beide Farben nach (α) und (ß) gleich erscheinen – man spricht von Metamerie [9] – hängt aber auch von der Beleuchtung ab. So sehen manche Pigmente, z.B. bei Kleidung, bei Kunstlicht gleich und bei Tageslicht ungleich aus.

Die Deckflügel eines Wüstenkäfers sehen für uns schwarz aus, sind aber für IR durchlässig [10].

(V6) Auf den Overhead werden die drei Farbfilter Blaugrün (Cyan), Gelb und Magenta übereinander gelegt.
Vom weißen Licht werden alle Farben absorbiert: man sieht schwarz.
Werden beim Dreifarbendrucker mit dem CMYK-Verfahren [11] alle drei Farben übereinander gedruckt, ergibt sich oft nur ein Dunkelgrau. Daher wird schwarze Tinte beigefügt.
Liegen nur Blaugrün und Gelb übereinander, so ergibt sich das Grün der additiven Grundfarben des Filters VG9.

Wird bei Pigmentfarben weißes Pigment beigemischt, spricht man von ungesättigten Farben, wird schwarzes Pigment beigemischt, spricht man von Verhüllung.

1.5 Interferenzfarben
Auch sehr dünne farblose (durchsichtige) Gegenstände können bei Beleuchtung farbig erscheinen. Das ist z.B. bei Benzin auf Wasser zu sehen. Auch die sogenannten Strukturfarben von manchen Schmetterlingsflügeln oder manchen Vogelfedern entstehen durch Interferenz [12].

(V7) Leicht zerknülltes Cellophanpapier wird zwischen zwei Polarisationsfilter auf den Overhead-Projektor gelegt [13].
Die einzelnen Wellenlängen werden unterschiedlich in ihrer Schwingungsrichtung
gedreht und überlagern sich zu verschiedenen Farben.
Wird entweder einer der Filter oder die Folie verdreht, so wechseln die Farben.

Manche Insekten und manche Vögel erkennen die für uns nicht sichtbare Polarisationsrichtung des Lichtes.
Bezüglich des Farbensehens können wir die Interferenzfarben zu (1.4) zählen.

1.6 Fluoreszenz Farben

Manche Pigmentfarben z.B. bei Textmarkers sehen so aus, als würden sie selbst leuchten.

(V8) Beleuchtet man sie mit einer nicht allzu hellen Glühlampe, so sieht man diese Strahlkraft nicht. Bei Tageslicht oder UV-Beleuchtung spricht man dann auch von einer Neonfarbe ([14]).

Ein mit „Aufheller" gewaschene weißer Stoff fluoresziert bei UV-Bestrahlung blaues Licht: Vergilbtes Gelb und Blau erscheinen dann weißer.

1.7 Kompensationsfarben oder Komplementärfarben

Wenn man die Mischfarbe Blau oder die Spektralfarbe Blau mit dem in (1.4 ß) gefundenem Gelb mischt, erhält man bei geeignetem Mischungsverhältnis Weiß. Es gibt viele derartige Farbpaare. Sie werden Kompensationsfarben oder Komplementärfarben genannt ([15]).

Die sogenannten CIE-Normfarbtafel ist so konstruiert, daß Komplementärfarben gegenüber liegen, wenn die Verbindungsgerade durch den Unbuntpunkt verläuft ([16]).

Werden in dieses zungenförmige „Farbdreieck" drei Grundfarben der additiven Farbmischung eingetragen und mit ihnen ein Dreieck gezeichnet, so liegen die ermischbaren Farben nur innerhalb dieses Dreiecks.

Außerdem sieht man, daß es für die Spektralfarben zwischen etwa 570 nm und 490 nm keine Spektralfarbe als Komplementärfarbe gibt.

Bei z.B. Bienen existieren andere Komplementärfarben, da sie UV sehen, aber kein Rot ([17]).

1.8 Reine Farben

Es fiel auf, daß es nur drei Spektralfarben gibt, die man als reine Farben (ohne Farbstich) wahrnimmt, also z.B. ein Gelb ohne Übergang zu Grün oder zu Rot. Die Kompensationsfarbe zu diesem Gelb, also Blau, wird ebenfalls als reine Farbe wahrgenommen ([18]).

Das zweite derartige Farbpaar ist Grün und Rotviolett.

1.9 Magenta

Sie ist keine Spektralfarbe sondern eine Mischfarbe aus Rot und Violett. Verschiedene Farbtöne werden Magenta genannt ([19]). Statt Magenta findet man auch die Bezeichnungen Purpur, Rotviolett oder Pink.

2. Farbsysteme

In der Literatur findet man z.B. 70 Systeme zur Ordnung der Farben ([20]).

Die Mehrzahl der von mir gelesenen Farbsysteme beziehen sich auf Pigmentfarben.

Grob betrachtet und zusammengefaßt benutzen sie

drei Grundfarben - hier (1.1) und (1.2) - oder

vier Grundfarben - hier (1.8).

In manchen Systemen werden dabei auch die Graustufen berücksichtigt.

Um ein paar Namen zu nennen: Für drei Grundfarben waren z.B. Johann Wolfgang von Goethe (1749 - 1832), Thomas Young (1773 - 1829) und Herrmann von Helmholtz (1821 - 1894). Man spricht von der „Dreikomponententheorie".

Für vier Grundfarben waren Leonardo da Vinci (1452 - 1519) und Ewald Hering (1834 - 1918). Man spricht von der „Gegenfarbentheorie".

Übrigens hat Isaac Newton (1642 - 1726), der mit dem Prisma ein Linienspektrum erzeugte, dieses auch in Kreisform dargestellt, so daß Violett an das ihm ähnlich erscheinende Rot angrenzt. Auf dem Kreisumfang waren die gesättigten Spektralfarben angeordnet, zum Zentrum hin summierten sich die Farben zu Weiß. Er hat sieben Farben benannt, da er eine Parallele zu den sieben musikalischen Tönen einer Oktav annahm ([21]).

2.1 Wellenlängenzuordnungen

Für die additive und die subtraktive Grundfarben sind folgende Wellenlängen verabredet ([22]).

Grundfarben der additiven Farbmischung mit den Emissionsmaxima bei
Violettblau   470 nm   Grün 535 nm   Orangerot   610 nm

Grundfarben der subtraktiven Farbmischung mit den Absorptionsmaxima bei
Cyan   660 nm   Gelb 440 nm   Magenta   530 nm

Die additiven und die subtraktiven Grundfarben wurden so gewählt, daß die Mischung von zwei Grundfarben des einen Systems eine Grundfarbe des anderen Systems ergibt.
Grundfarben der Gegenfarbentheorie
Blau   475 nm   Gelb 575 nm   Grün 505 nm   Rotviolett (Purpur)

3. Was gilt nun im Auge?

3.1 Duplizitätstheorie und Purkinje-Phänomen

Bei geringer Helligkeit können wir nur Grauabstufungen (Luminanz), aber keine Farben (Chrominanz) mehr erkennen. Bei der Duplizitätstheorie geht man davon aus, daß es eine Sorte Sehzellen für Hell-Dunkel (Dominator-System) und eine andere für die Farben (Modulator-System) gibt ([23]).
Ein an Helligkeit adaptiertes Auge (photopisches Sehen, Farbensehen) ist für Licht um λ = 555 nm und ein an Dunkelheit adaptiertes Auge (skotopisches Sehen) für Licht um
λ = 500 nm am empfindlichsten. Man nennt diese Verschiebung des Empfindlichkeitsmaximums während der Dunkel-Adaptation Purkinje-Phänomen ([24]).

3.2 Perimetrie

Perimetrische Messungen zeigen, daß wir in der Peripherie des Gesichtsfeldes nur Hell-Dunkel erkennen. Zur Fovea hin liegen dann kleine Areale, in denen man Blau und andere kleine Areale, in denen man Gelb erkennt. Daran schließt sich die Zone an, in der man Gelb und Blau erkennt. Noch weiter zur Fovea hin kommt eine Zone für Rot und fast identisch auch für Grün ([25]). Es gibt hier wohl individuelle Unterschiede, da in verschiedenen Büchern unterschiedliche Grenzen gemalt sind.

3.3 Sehzelltypen

Im Auge kann man mikroskopisch erkennen, daß es zwei anatomisch unterscheidbare Sehzell-Typen gibt, die Stäbchen und Zapfen genannt werden ([26]).
Die Netzhautbereiche in der Peripherie enthalten nur Stäbchen.
Im Zentrum des schärfsten Sehens, in der Fovea, befinden sich nur Zapfen.
Im Übergangsbereich der Netzhaut gibt es beide Sehzelltypen.

Demnach dienen die Stäbchen dem Hell-Dunkelsehen und die Zapfen dem Farbensehen.

3.4 Empfindlichkeitsbereich der Sehzellen

Eine genaue Untersuchung zeigte, daß es drei Sorten von Zapfen gibt, die P-, D- und T-Zapfen genannt werden.
(Griechisch: prot = erst, deuter = zweit und trit = dritt.)
Andere Bezeichnungen sind: L-, M- und K-Rezeptoren für lang-, mittel- und kurzwellig oder L-, M- und S für für long, middle und short.
Früher sprach man von Rot-, Grün- und Blau-Rezeptoren.

Im Prinzip findet man in der Literatur die drei folgenden Varianten der Kennlinien für die Empfindlichkeit der Sehzellen (Hier als Freihandzeichnungen.)
In verschiedenen Darstellungen endet der auf der Abszisse angegebene Wellenlängenbereich bei 650 nm oder auch bei 780 nm.

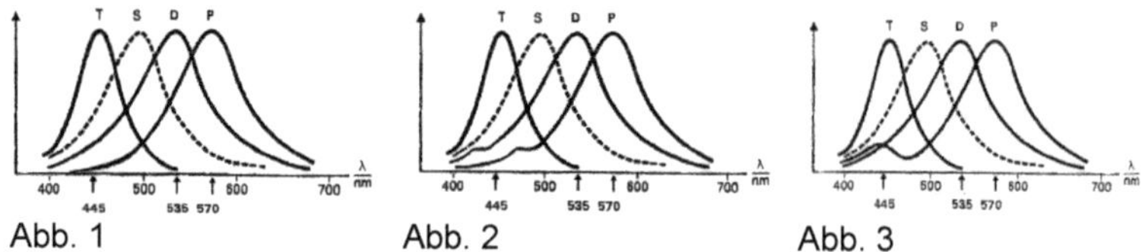

Abb. 1   Abb. 2   Abb. 3

Die Absorptionsmaxima liegen bei etwa
P-Zapfen λ = 570 nm
D-Zapfen λ = 535 nm
T-Zapfen λ = 445 nm
Stäbchen λ = 500 nm

Abb. 1 entspricht den meisten Darstellungen für die Absorption der Sehzellen [27].
Abb. 2 entspricht Darstellungen z.B. in medizinischer Literatur [28].
Abb. 3 entspricht neueren Darstellungen [29].

Zwischenbemerkung:
Zuerst habe ich im Unterricht Abb.1 verwendet, dann, wegen (32), Abb. 3. Nachdem (25) erschienen war, erzählte mein Augenarzt [30], daß er selbst als Student den Kurvenverlauf so zwischen Abb. 1 und Abb. 2 (mit größeren Streuungen bei T- als bei den D- und P-Zapfen - er sagte Blau-Grün-Rot-Zapfen) gemessen habe und er daher - wenn schon - Abb. 1 als zutreffender als Abb. 3 betrachte. Trotzdem existierten aber auch Beobachtungen, die nicht zu den Absorptionskurven nach Abb. 1 und andere, die nicht zu denen der Abb. 3 passen. Außerdem habe ein Physiologe de Flies (oder so ähnlich) um 1950 bei einigen Frauen einen zusätzlichen Rezeptortyp mit einem Maximum bei λ = 550 nm (also zwischen P und D) gemessen. Vielleicht gibt es individuelle Abweichungen.
Dann erhielt ich auch (6), so daß ich wieder Abb. 1 verwendete..

Es könnte auch sein, daß ein kleines Nebenmaximum im kurzwelligen Bereich beim D-Zapfen vorliegt [31].

Die Kurvenverläufe in Abb. 3 beziehen sich vielleicht auf die vom CIE-Ausschuß [32] an Hand vieler Versuchspersonen ermittelten Normspektralwertkurven, mit denen

Farbempfindungen beschrieben werden. Diese sind zunächst nicht (wie in Abb. 3) schon auf gleiche Maximalwerte normiert.
Die Messungen sind wohl sehr schwierig, denn die z.T. widersprüchlichen Angaben bezüglich Abb. 1 und Abb. 3 stammen alle aus einer Mitarbeiter-Gruppe [33].

Den Absorptionskurven ist zu entnehmen, daß alle 4 Rezeptoren in einem breiten Wellenlängenbereich aktiviert werden können. Daher wurden die alten Bezeichnungen (z.B. Rot-Rezeptor) verlassen. Z.B. kann ein P-Zapfen nicht zwischen den Spektralfarben 535 nm und 600 nm unterscheiden.

3.5 Netzhaut-Neurone
Man fand in der Netzhaut von Goldfischen und von Makaken (Affen) Neurone mit folgenden Eigenschaften [34].

Neurone mit der Eigenschaft A liefern nur dann Impulse an die Folgezellen, wenn sie selbst aktiviert werden.
(Vergleichbar mit einem Meßgerät, dessen Nullpunkt ganz links liegt.)

Neurone mit der Eigenschaft B liefern, wenn sie nicht aktiviert werden, mit z.B. 50 Hz Impulse an die Folgezellen. Werden sie aktiviert, so steigt die Impulsfrequenz über die „Neutralfrequenz" oder „Nullfrequenz", werden sie gehemmt, so sinkt die Impulsfrequenz.
(Vergleichbar mit einem Meßgerät, dessen Nullpunkt in der Mitte der Skala liegt. Je nach Richtung des durchfließenden Stroms zeigt der Zeiger dann nach links oder rechts.

Neurone mit der Eigenschaft C adaptieren bei einer Daueraktivierung oder Dauerhemmung. Man spricht von einem on- bzw. off-Effekt . Sowohl Neurone mit der Eigenschaft A oder B können gleichzeitig auch die Eigenschaft C aufweisen.
(Die Kennzeichnungen A, B und C sind von mir willkürlich gewählt.)

Nach diesen Befunden wollen wir ein

4. Modell zum Farbensehen
konzipieren.

4.1 Rahmen der Modellüberlegungen
Die Verteilung der Sehzellen in der Netzhaut (3.2) und das Absorptionsspektrum der Stäbchen (3.4) erklärt die Duplizitätstheorie und das Purkinje-Phänomen (3.1).

Mit den verbleibenden 3 Zapfensorten könnte man leicht (1.1) bis (1.5) und die 3-Grundfarben -Systeme nach (2.2) deuten, wenn die Spektren (charakterisiert durch ihre Maxima) besser korrelieren würden.
Wir müssen also deuten, wie es zu diesen Differenzen kommen kann.

Da sich die Dreikomponententheorie und die Gegenfarbentheorie widersprechen, aber jede für sich unterschiedliche Phänomene erklären, liegt die Suche nach einer Verknüpfung beider Theorien nahe.
Das Phänomen der Gegenfarben (1.8) verleitet dazu, die Neuronsorte B (3.5) heranzuziehen.

Gibt sie die Neutralfrequenz von 50 Hz ab, so meldet sie „Unbunt" bezüglich z.B. des Gegenfarbenpaares Gelb-Blau. Wird das Auge kurzwellig beleuchtet, so erniedrigt sich die Frequenz z.B. auf 40 Hz und dies führt zu der Empfindung Blau. Wird sie langwellig beleuchtet, so erhöht sich die Impulsfrequenz z.B. auf 60 Hz und dies führt zur Empfindung Gelb.

Entsprechendes gilt für das Gegenfarbenpaar Rot-Grün.

Wenn es völlig dunkel ist, nimmt man Dunkelgrau und nicht schwarz wahr, daher wird für das Helligkeits-Neuron für Dunkelgrau auch eine Neutralfrequenz angenommen.

(Der Wert von 50 Hz ist willkürlich gewählt.)

Weiterhin muß bei nur 3 Sehzell-Sorten aber 4 reinen Farbempfindungen eine davon aus den Meldungen von mindestens 2 Sehzell-Sorten errechnet werden.

Auch bei „Zonentheorie" unterschied man zwischen der Rezeptor- und der Verarbeitungsebene ([23]).

4.2 Modell A

Von solchen Überlegungen ausgehend und unter Beachtung der genauen Kennlinienverläufe, des sichtbaren Sonnenspektrums und der Gewichtung der Rezeptormeldungen (was wir alles nicht leisten können) wurde das folgende Informationsflußdiagramm (Abb. 4) ([35]) erstellt und die Darstellung der Farbvalenzkurven errechnet (Abb. 5) ([36]).

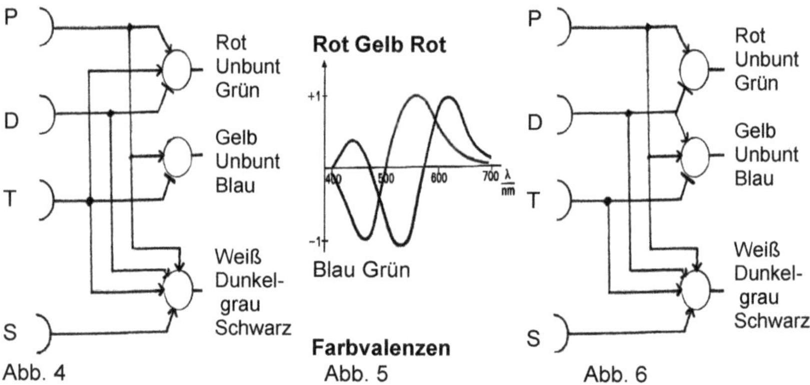

Die Pfeilspitzen symbolisieren aktivierende, die Querstriche hemmende Beeinflussung.

Die Farbvalenzen müssen so sein, daß bei weißem Licht (also bei entsprechender Beleuchtung mit allen Spektralfarben der Sonne) sich die Aktivierungen und die Hemmungen beider Farbneurontypen gerade aufheben, also beide 50 Hz („Unbunt") melden.

Fast identische Kurven für die Farbvalenzen wurde schon 1927 angegeben ([37]).

4.) Da nun aber sowohl im Dunklen, als auch bei weißer Beleuchtung „Unbunt" vorliegt, muß ein weiteres Neuron über die Helligkeit informieren. Zu deren genauer Verschaltung ist noch nicht viel bekannt. Die Verbindungen vom T-Zapfen her ist daher in manchen Darstellungen gestrichelt gezeichnet.

Das hier gesagte gilt dann für jeden „Farbpunkt" im Auge, also millionenfach.

4.3 Modell B.

Die Abbildung 6 bezieht sich auf die Empfindlichkeitskurve mit dem deutlichen Nebenmaximum (Abb. 3) ([38]). Es ergeben sich die gleichen Valenzkurven (Abb. 5).

4.4 Weitere Modelle

Manchmal wird noch ein Zwischenneuron vor dem Gelb-Blau-Neuron angenommen, an dem die Meldungen des P-Zapfens und des D-Zapfens addiert werden ([39]). Eine Begründung dafür ist nicht angegeben.

Oder es werden sowohl am Rot-Grün-Neuron, als auch am Gelb-Blau-Neuron von allen Zapfen die Meldungen verrechnet ([40]). Das entspricht einer Zusammenfassung der Abb. 4 und der Abb. 6. Eine Begründung dafür ist nicht angegeben.

Oder es werden statt der zwei Farbneurone vier angegeben, wobei je zwei zusammen das gleiche Ergebnis wie in Abb. 4 liefern ([41]). Eine Begründung dafür ist nicht angegeben.

Vermutlich wird durch die zusätzlich gezeichneten Neurone der Formalismus bei Berechnungen übersichtlicher. Es wird aber in der zitierten Literatur nicht angegeben, mit welchem Koeffizienten an den einzelnen Eingängen gerechnet werden muß. Das ist für den Unterricht aber auch nicht relevant.

Daß hier für die Rot- und Gelb-Valenz jeweils die höhere und für Grün und Blau die niedrigere Impulsfrequenz gewählt wurde, ist willkürlich.

Hier betrachte ich nun die Informationsverarbeitung nach Abb. 4.

Der Augenarzt ([30]) kannte die Valenzkurve Abb. 5 von ([37]). Er kannte aber keine Modelle der Verrechnung dazu. Er meint, daß selbst bei einer Empfindlichkeitskurve wie Abb. 2 oder wie Abb. 3 eine Modellrechnung nach Abb. 4 zutreffend sein könne, da ja die Verrechnungsfaktoren angepaßt werden könnten.

5. Prüfung der Modelle

Eine Entscheidung zwischen den Modelle 4.2 und 4.3 läßt sich nicht treffen, solange die Absorptionskurven nicht eindeutig gemessen sind. Für die folgenden Aufgaben ist dies nicht wichtig.

Die in 4.4 aufgezählten Varianten der Verrechnung gingen wohl auch dann über unsere Möglichkeiten, wenn sie denn genauer beschrieben wären.

Daher beziehe ich mich nun auf 4.2 mit der Abbildung 4.

5.1 20 einfache Aufgaben

Unter den in (3.5) erwähnten Neuronen fand man solche, die von Licht der Wellenlängen zwischen $\lambda = 400$ nm und $\lambda = 600$ nm hyperpolarisiert und bei Wellenlängen über $\lambda = 600$ nm depolarisiert werden. Wir wollen sie Rot-Grün-Neurone nennen ([42]).

Außerdem gibt es dort Gelb-Blau-Neurone, die von Wellenlängen bis $\lambda = 530$ nm hyperpolarisiert und von $\lambda = 530$ nm bis $\lambda = 620$ nm depolarisiert werden.

(Allerdings streuen die Wellenlängen, bei denen die Neutralfrequenz auftritt. Es muß demnach vielleicht noch im Gehirn nachjustiert werden.)

Wenn wir diesen Befund bei Makaken auf den Menschen übertragen, paßt das schon mal zur Gegenfarbentheorie (1.8) und damit im Prinzip zu der Darstellung der Valenzkurven (Abb.5).

Zur weiteren Prüfung betrachten wir verschiedene Phänomene des Farbensehens, wagen auch Vorhersagen und vergleichen diese dann mit Beobachtungen.

* 1. Wieso kann man „Weiß" durch Mischung von zwei einzelnen Spektralfarben als Gegenfarben, aber auch durch Zusammenfassen des gesamten Spektrum erhalten?
# Es müssen nur beide Farbdetektoren neutral melden.

* 2. Zeigen Sie an Hand der Valenzkurve die Lage der „reinen Farben".
Unter welchen Bedingungen kann man „reines Rot" erhalten?
Sie liegen jeweils bei der Wellenlänge, an der die Valenzkurven die Abszisse schneiden. Das ergibt sich aber nur in drei Fällen.
Für reines Rot müssen sich am Gelb-Blau-Neurone langwelliges und kurzwelliges Licht ausgleichen. Das geht mit verschiedenen Mischungen, aber nicht mit **einer** Spektralfarbe.

* 3. Oft heißt es einfach, Kompensationsfarben (oder Gegenfarben) addieren sich zu Weiß. Erklären Sie, wieso man diese nicht beliebig zu Weiß mischen kann, sonders es eines bestimmten Mischungsverhältnisses bedarf.
# Es müssen die Neutralfrequenzen bei beiden Systemen erreicht werden.

* 4. Erklären Sie, wieso man ohne Hilfsmittel Spektralfarben nicht von Mischfarben unterscheiden kann.
# Die Zapfen melden keine Farbe und jeder der beiden Farbdetektoren nur eine Valenz.

* 5. Erklären Sie, daß es eigentlich keinen wesentlichen Unterschied zwischen additiver und subtraktiver Farbmischung gibt.
# Es wird in beiden Fällen das die Sehzellen treffende Licht registriert.

* 6. Newton zeichnete neben dem linearen Spektrum auch einen Farbkreis. Vgl. (2.1).
Deuten Sie die von ihm empfundene Ähnlichkeit von Rot zu Violett, auch wenn diese jeweils am Ende des linearen Spektrums liegen.
Bei dem Modell nach Abb. 4 werden die Meldungen vom T-Zapfen zu denen des P-Zapfens addiert und als Rot-Valenz gleichzeitig mit der Blau-Valenz gemeldet. So ergibt sich eine Ähnlichkeit des langwelligen und des kurzwelligen Lichtes.

Bei dem Modell nach Abb. 6 meldet der P-Rezeptor über das Nebenmaximum auch kurzwelliges Licht. Dadurch ergeben sich sowohl eine Blau- als auch eine Rotvalenz bei kurzwelliger Einstrahlung. So ergibt sich eine Ähnlichkeit des langwelligen und des kurzwelligen Lichtes.

* 7. Erklären Sie, wieso zu erwarten ist, daß die Grundfarben nicht mit den Absorptionsmaxima der Zapfen übereinstimmen.
# Die Meldungen der Zapfen werden z.T. miteinander verrechnet, so daß das sich dadurch ergebende Maximum woanders liegen wird.
Außerdem sind die Grundfarben des additiven als auch die des subtraktiven Systems verabredet.

* 8. (V9) Es wird ein weißes Blatt und ein z.B. 2 cm x 2 cm z.B. grünes Quadrat benötigt.

Nehmen Sie an, daß die Rot-Grün-Neurone und die Gelb-Blau-Neurone auch die Eigenschaft haben zu adaptieren. Vgl. (3.5), Eigenschaft C. Die Nullfrequenz sei 50 Hz.
Betrachten Sie z.B. 30 Sekunden das farbe Quadrat und blicken Sie dann auf eine weiße Fläche. (Das Phänomen kennen Sie sicherlich aus dem Kunstunterricht.)
Erklären Sie Ihre Beobachtung.
Angenommen, das Rot-Grün-Neuron meldet nun im ersten Moment 40 Hz und das Gelb-Blau-Neuron 60 Hz. (Zur Vereinfachung also in beiden Fällen ein Frequenzsprung von 10 Hz.)
Nach einiger Betrachtungszeit seien die Frequenzen auf 44 Hz bzw. auf 56 Hz adaptiert.
Blicken wir nun auf Weiß, erfolgt der gleiche Frequenzsprung von 10 Hz zurück, also für das Rot-Grün-Neuron auf 54 Hz und für das Gelb-Blau-Neuron auf 46 Hz.
Man müßte demnach ein rot-blaues (purpurfarbenes) Rechteck wahrnehmen.
Sie kennen dies als sukzessiven Farbkontrast aus dem Kunstunterricht.

* 9. (V10) Fotos des Augenhintergrundes ([43]) oder
& eigene Versuch nach v. Helmholtz ([44]) zeigen, daß vor den Sehzellen die Blutgefäße liegen.
Sie sehen also dauernd durch das rote Blut hindurch.
* Erläutern Sie, wieso Sie trotzdem z.B. ein weißes Blatt weiß sehen.
# Das Sehsystem muß von der Helligkeit und der Farbe her daran adaptieren.

* 10. Nehmen Sie an, daß die lateralen Inhibition (seitliche Hemmung) auch beim Farbensehen zwischen jeweils benachbarten Rot-Grün-Neuronen und zwischen jeweils benachbarten Gelb-Blau-Neuronen auftritt ([45]).
(V11) Die Vorlage ist ein Doppelblatt. Das obere ist farbig und enthält ein ausgeschnittenes Quadrat (z.B. 2 cm x 2 cm). Darunter liegt ein weißes Blatt.
Wie sollte das weiße Quadrat Ihnen erscheinen?
Prüfen Sie dann Ihre Vorhersage durch einen Versuch.
Die Hemmung ist hier so zu verstehen, daß die benachbarten Farbneurone jeweils in Richtung der Gegenvalenz gebracht werden.
Das Quadrat oder wenigstens sein Rand müßte leicht die Gegenfarbe zum Deckblatt haben.
Sie kennen dies als simultanen Farbkontrast aus dem Kunstunterricht.

Da das gesamte Quadrat die gleiche Farbe aufweist, muß die Verrechnung großflächig erfolgen.

* 11. Beim analogen Fotografieren passierte es gelegentlich, daß ein Bild einen Farbstich aufweist, obwohl man selbst die Farben ganz „normal" wahrgenommen hatte.
Heute haben die Digitalkameras einen dem Auge nachempfundenen automatischen „Weißabgleich".
Versuchen Sie eine Erklärung, wie im Auge ein Farbstich in gewissen Grenzen ausgeglichen wird.
Es paßt die Erklärung von (8), wobei das ganze Gesichtsfeld zur Verrechnung herangezogen wird.
Aus (8) bis (11) wird die Bedeutung des Phänomens „Weiß" deutlich.
Es stellt gewissermaßen eine Eichfarbe dar, so daß wir z.B. sowohl mittags bei blauem Himmel als auch bei roter Abendsonne Gegenstände (z.B. rote Früchte im

grünen Laub) für uns farblich „richtig" erkennen. Man spricht von der Farbkonstanz-Leistung.
Diese Verrechnungen sind in den Abbildungen 4 und 6 nicht aufgenommen.
Schwarz nehmen wir nur als Kontrastfarbe zu Weiß wahr. Ohne Licht erscheint uns das Gesichtsfeld Dunkelgrau.

* 12. Manche (A) sagen, daß mit der Angabe der Wellenlänge die von uns wahrgenommene Farbe eindeutig festgelegt ist. Andere (B) meinen, daß dies nicht der Fall ist. Erläutern Sie, ob die Aussage von A oder B zutreffend ist.
# Die „Farbkonstanz-Leistung" zeigt, daß die Aussage von B zutreffender ist und die Aussage von A wohl nur bei weißer Beleuchtung zutrifft.

* 13. Die Sonne strahlt für uns weißes Licht ab. Von der Luft wird kurzwelliges Licht stärker gestreut als langwelliges Licht.
Erklären Sie wieso uns die weiße Sonne gelb erscheint.
Durch die Streuung ist der Himmel am Tag blau.
Die (kleine) weiße Sonne im (großen) blauen Himmel erscheint uns als Simultankontrast gelb.

* 14. (V12) Die mit farbigen Sektoren bemalte Pappe nennt man Maxwellsche Kreiselscheiben (^{46}).
Wenn sie schnell rotiert, sieht man eine einheitliche Farbe. Je nach Sektorgrößen sehen wir verschiedene Farben.
Welcher Unterschied besteht hier zu den Farbmischung nach (1.1) oder (1.2).
Hier werden die Farben den Zapfen sukzessiv geboten. Die Farbempfindung wird demnach durch zeitliche Integration der Rezeptormeldungen verursacht.

(V13) Mit einer Doppel-LED (rot und grün) kann die sukzessive und auch die additive Farbmischung zu Gelb demonstriert werden (^{47}).
Außerdem kann man damit näherungsweise die Zeitspanne bestimmen, in der die Rezeptorregungen integriert werden.

* 15. Hoffentlich ist Ihnen noch kein Ball aufs Auge geflogen. Wenn aber doch, so sahen Sie z.B. kreisförmige und helle Ringe.
Das ist auch dann der Fall, wenn die Umgebung völlig dunkel ist.
Wie kommt es zu der Wahrnehmung des Lichts?
Der Druck auf das Auge erzeugt eine inadäquate Reizung der Sehzellen.
Die Druckerhöhung stellt wohl keinen direkten inadäquaten Reiz für die Sehzellen dar, sondern verändert die Durchblutung (^{30}).
Man zählt dies zu den subjektiven Lichterscheinungen wie z.B. auch die Flimmerskotome bei Migräne, die aber wohl nicht im Auge, sondern im Gehirn ihren Ursprung haben.

* 16. Nehmen Sie an, daß jemand erblich bedingt keine Gelb-Blau-Neurone hat.
Wie wirkt sich das als Farbstörung aus?
Der langwellige und der kurzwellige Bereich müßte gleichfarbig wahrgenommen und von dem mittleren Bereich unterschieden werden. Es sollten im Spektrum zwei Neutralpunkte auftreten.
Diese sehr seltene Erkrankung wird Tetartanopie genannt (^{48}).

* 17. Nehmen Sie an, daß jemand erblich bedingt keine Rot-Grün-Neurone hat.

Wie wirkt sich das als Farbstörung aus?
Die betreffende Person kann nur zwei Farbtöne unterscheiden und hat eine Graustelle bei etwa 505 nm.
Diese Erkrankung wird Deuteranopie genannt ([48]).

* 18. Totale Farbenblindheit ist selten. Es sind dabei zwei Varianten bekannt. Die einen weisen nur eine Helligkeitskurve mit einem Maximum um 500 nm auf, vgl. (3.4).
Sehr selten zeigen Patienten das Purkinje-Phänomen (3.1), ([30]).
Wie könnte man das deuten?
Bei der zweiten Variante müssen die Zapfen in Funktion sein und ihre Meldungen an das Hell-Dunkel-Neuron liefern. Die Farb-Neurone sind nicht funktionsfähig.
Bei der ersten Variante sind die Zapfen nicht funktionsfähig.

* 19. Ein Schüler hatte gehört, daß früher oder auch heute noch in Schweden bei Bahnsignalen rote etwa alle Sekunde und grüne etwa alls 3 Sekunden aufbinken.
Welcher Gedanke könnte dahinter stehen?
Auch Farbenschwache oder Farbenblinde können den Unterschied erkennen.

* 20. Versuchen Sie die Ergebnisse der Perimetrie (3.2) mit dem Modell nach Abb. 4 und mit dem Modell nach Abb. 6 zu deuten. Dabei müssen Sie die Zapfen und die Farb-Neurone berücksichtigen.
Da sich vor allem die Gelb-Blau-Bereiche unterschiedlich überlappen, müssen zwei Varianten betrachtet werden.

Reihenfolge von der Peripherie aus:
Blau, Gelb, dann Rot, Grün oder
Gelb, Blau, dann Rot Grün.

Nach Abb. 4:

Reihenfolge: Blau, Gelb, dann Rot, Grün	Gelb, Blau, dann Rot, Grün
Was notwendig ist und <u>was neu dazu kommt</u>.	
Hell-Dunkel: <u>Stäbchen</u>	Hell-Dunkel: <u>Stäbchen</u>
Blau: <u>T-Zapfen</u> und <u>Gelb-Blau-Neuron,</u> noch kein Rot-Grün-Neuron, sonst gäbe es eine Rot-Valenz	Gelb: <u>P-Zapfen</u> und <u>Gelb-Blau-Neuron,</u> noch kein Rot-Grün-Neuron, sonst würde Rot erkannt
Gelb: <u>P-Zapfen</u> und Gelb-Blau-Neuron, noch kein Rot-Grün-Neuron, sonst würde Rot erkannt	Blau: <u>T-Zapfen</u> und Gelb-Blau-Neuron, noch kein Rot-Grün-Neuron, sonst gäbe es eine Rot-Valenz
Rot: P-Zapfen und T-Zapfen und <u>Rot-Grün-Neuron,</u>	Rot: P-Zapfen und T-Zapfen und <u>Rot-Grün-Neuron,</u>
Grün: <u>D-Zapfen</u> und Rot-Grün-Neuron	Grün: <u>D-Zapfen</u> und Rot-Grün-Neuron

Nach Abb. 6:
Wegen der zwei aktivierenden Eingänge beim Gelb-Blau-Neuron muß man je drei Fälle unterscheiden. Bei Abb. 4 ist dies nicht notwendig.

Reihenfolge: Blau, Gelb, dann Rot, Grün	Gelb, Blau, dann Rot, Grün
Hell-Dunkel: <u>Stäbchen</u>	Hell-Dunkel: <u>Stäbchen</u>
Blau: <u>T-Zapfen</u> und <u>Gelb-Blau-Neuron</u>	a) Gelb: <u>D-Zapfen</u> und <u>Gelb-Blau-Neuron</u>, noch kein Rot-Grün-Neuron, sonst würde Grün erkannt. b) Gelb: <u>P-Zapfen</u> und <u>Gelb-Blau-Neuron</u>, noch kein Rot-Grün-Neuron, sonst würde Rot erkannt. c) Gelb: <u>P- und D-Zapfen</u> und <u>Gelb-Blau-Neuron</u> und kein Rot-Grün-Neuron
a) Gelb: <u>D-Zapfen</u> und Gelb-Blau-Neuron, noch kein Rot-Grün-Neuron, sonst würde Grün erkannt. b) Gelb: <u>P-Zapfen</u> und Gelb-Blau-Neuron noch kein Rot-Grün-Neuron, sonst würde Rot erkannt c) Gelb: <u>P- und D-Zapfen</u> und Gelb-Blau-Neuron und kein Rot-Grün-Neuron	Blau: <u>T-Zapfen</u> und Gelb-Blau-Neuron
a) Rot: <u>P-Zapfen</u> und <u>Rot-Grün-Neuron</u>, dies ohne Verbindung von D-Zapfen, sonst würde Grün erkannt.	a) Rot: <u>P-Zapfen</u> und <u>Rot-Grün-Neuron</u> dies ohne Verbindung von D-Zapfen, sonst würde Grün erkannt.
b) Rot: <u>D-Zapfen</u> und <u>Rot-Grün-Neuron</u> dies ohne Verbindung von D-Zapfen, sonst würde Grün erkannt.	b) Rot: P-Zapfen und <u>Rot-Grün-Neuron</u> dies ohne Verbindung von D-Zapfen, sonst würde Grün erkannt.
c) Rot: <u>P- und D-Zapfen</u> und <u>Rot-Grün-Neuron</u>, dies ohne Verbindung von D-Zapfen, sonst würde Grün erkannt.	c) Rot: P-Zapfen und <u>Rot-Grün-Neuron</u> dies ohne Verbindung von D-Zapfen, sonst würde Grün erkannt.
Grün: D-Zapfen und Rot-Grün-Neuron <u>mit Verbindung</u> zwischen ihnen	Grün: D-Zapfen und Rot-Grün-Neuron <u>mit Verbindung</u> zwischen ihnen

Welche Variante in der Netzhaut zutrifft, weiß ich nicht. Es geht halt ums Nachdenken.

5.2 Schwierigere Aufgaben und ergänzende Versuche

* 21. Bei der Bestimmung der Sehschärfe in verschiedenen Spektralbereichen (**6**) zeigte sich, daß sie von $\lambda \approx 425$ nm mit etwa 40% relativer Sehschärfe fast linear bis $\lambda \approx 525$ nm mit etwa 100% zunimmt, dann bis $\lambda \approx 625$ nm fast konstant ist und dann bis $\lambda \approx 675$ nm auf etwa 80% abnimmt.
\# Das spricht für Abb. 1, denn bei Abb. 3 müßte um $\lambda \approx 440$ nm herum die Sehschärfe wieder zunehmen.

* 22. Wenn eine Zapfensorte fehlt, muß für die Vorhersage berücksichtigt werden, daß eine Farbadaptation erfolgt. Ohne Rechnung wird es schwierig. In (**19**) wird dies näher erläutert.

* 23 (V14) Beschreiben Sie Ihre Wahrnehmung bei der allmählich sich immer schneller drehenden Benhamsche Scheibe ([50]). (Etwa 10 Umdrehungen pro Sekunde.)
 \# Wenn die Streifen verschwimmen - man spricht dann von der Flimmerfrequenz - tauchen Farben auf, die bei weiterer Erhöhung der Drehgeschwindigkeit wieder verschwinden. Auffällig ist, daß verschiedene Beobachter nicht immer die gleichen Farben wahrnehmen.
Es gibt verschiedene Deutungen für das Auftauchen der Farben.
So könnte die Verschmelzungsfrequenz der einzelnen Zapfensorten oder die der Verrechnungsneurone oder die Laufzeiten in den Nervenverknüpfungen unterschiedlich sein ([51]).

* 24. Auf eine weißes DIN A 5 -Blatt wird mittig ein z.B. blaues 2 cm x 2 cm großes Quadrat geklebt und darauf mittig ein kleiner roter Kreis (z.B. mit einem Bürolocher ausgestanzt).
Entsprechend vorbereitet wird ein rotes Quadrat mit einem blauen Kreis ([52]).

(V15) Schließen Sie ein Auge und bewegen Sie ein Muster waagerecht mehrmals pendelnd vor dem anderen Auge hin und her (z.B. eine Bewegung in einer Sekunde). Eventuell müssen Sie die Geschwindigkeit etwas variieren. Beschreiben Sie Ihre Wahrnehmung.
\# Es sieht so aus, als ob der rote Kreis etwas dem blauen Quadrat nachhinkt, bzw. der blaue Kreis dem roten Quadrat vorauseilt.
Die Verarbeitungs-Geschwindigkeit entweder der Sehzellen oder die der Verrechnungsneurone ist offensichtlich unterschiedlich. Das paßt zum vorangegangenen Versuchsergebnis.

* 25. Bei grauverhüllten oder ungesättigten Farbtönen wie braun, oliv-grün oder rosa kann man zwar sagen, daß sowohl das Farbsystem und als auch das Hell-Dunkel-System beteiligt sind, aber nähere Erklärungsversuche habe ich nicht gefunden.

* 26. Bei den umfeldbezogenen Verrechnungen gibt es ebenfalls noch Unklarheiten. Die eindrucksvollen Versuche mit den sogenannten Mondrian-Bilder von Erwin Land lassen sich noch nicht eindeutig einordnen ([53]).
Es wird großflächig und kleinflächig die vorherrschende Beleuchtung unter Berücksichtigung von vorhandenen Kontrastsprüngen im Gesichtsfeld die Bewertung der Farben ermittelt. Dabei tritt neben der schnellen auch eine langsame Farbumstimmung auf.

Kleine Versuche können die Helligkeitskonstanz und den Einfluß von Kontrastsprüngen bei der Helligkeitsbewertung veranschaulichen.

* 27. Als Vorlage benötigt man ein DIN A4 Blatt, das zur Hälfte schwarz und zur
Hälfte weiß ist und auf dem weißen Teil etwas Schreibmaschinen-Text enthält. Das
schwarze Blatt soll großflächig die Helligkeitsstufe der Buchstaben zeigen.
(V16) Wenn man damit vom Fenster in eine dunklere Zimmer-Ecke geht, sieht hier
das „Weiß" immer noch heller aus als das „Schwarz" am Fenster.
Dann wiederholt man den Spaziergang, mißt aber mit einem Belichtungsmesser die
Helligkeiten am Fenster und in der Ecke.
Z.B.: Am Fenster:
Weiß: Blende 8 und 1/60 s (LW = 12) und bei Schwarz: Blende 8 und 1/8 s (LW = 9)
In der Ecke:
Weiß: Blende 8 und 1/2 s (LW = 7) und Schwarz: Blende 8 und 4 s (LW = 4).
Also ist das „Weiße Blatt" in der Ecke dunkler als das „Schwarze Blatt" am Fenster.
Bei dem Belichtungsmesser Sixtar hatten wir dazu auf die Empfindlichkeit von 18
DIN gestellt. Laut Tabelle auf der Geräte-Rückseite gilt dann
LW = 12 entspricht 22 000 Lux, LW = 11 dann 11 000 Lux und so wird weiter
halbiert.

* 28. Bedeutung eines weichen oder harten Kontrastes nach Cornsweet.

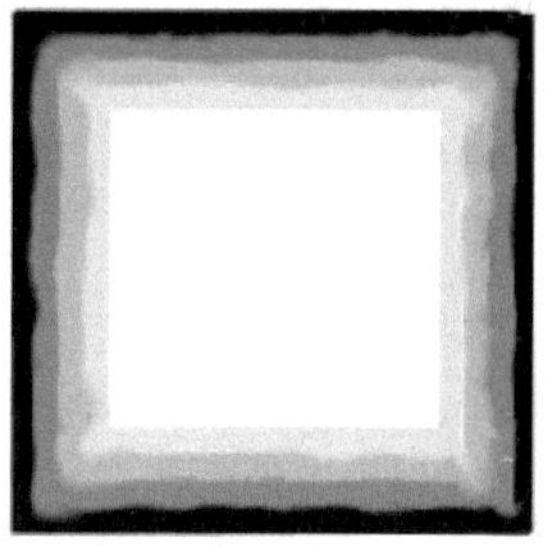 

Abb. 7   Abb. 8

(V17) Beschreiben Sie die Helligkeit der beiden Innenflächen.
\# Der harte Kontrastsprung der Abb. 8 umschließt die für uns heller aussehende
Fläche im Vergleich zu der (genau gleichhellen) Fläche mit dem fließenden Kontrast
der Abb. 7 ([54]).

(V18) Fixieren Sie in der Abbildung 9 für mehrere Sekunden das kleine Kreuz und
beschreiben Sie die Veränderungen der Abbildung.
\# Der kontrastarme Übergang verschwindet und die ganze Fläche sieht einheitlich
grau aus ([55]).

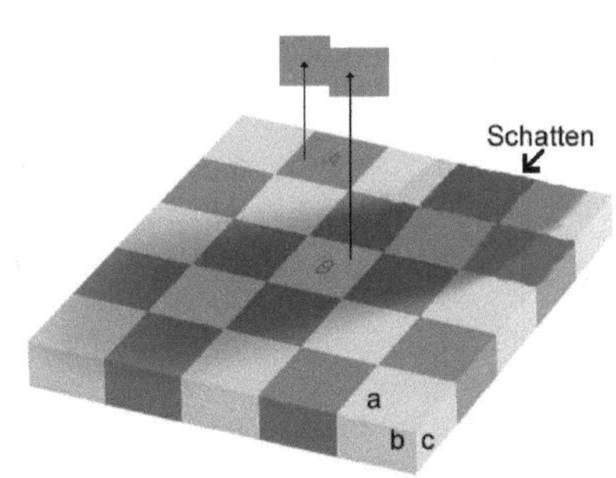

Abb. 9   Abb. 10

* 29. (V19) In der Abbildung 10 sind fünf Felder gekennzeichnet. Ordnen Sie die Felder nach ihrer Helligkeit von Hell zu Dunkel an.
# Die Felder a, b und c sind genau gleich hell. Auch die dunkleren Felder A und B sind genau gleich hell.
Abbildung 10 ist gegenüber dem Original etwas abgeändert. Beim Original nach Adelson ([56]) ist ein (hier weggelassener) Zylinder der Grund für einen Schatten. Aber der angedeutete Schatten allein genügt.
Am Computer kann man sich mit einem Grafik-Programm die Helligkeit (Schwarz entspricht 0%) der einzelnen Felder anzeigen lassen. A und B haben eine Helligkeit von 40% und a, b und c von 80 %
Bei einem gedruckten Bild fertigt man sich eine entsprechen gelochte Deckmaske an, ähnlich wie bei Versuch (V11).

* 30. Man benötigt entweder ein helles und breites Spektrum oder einen entsprechend gedrucktes Farbband ([57]). Außerdem muß man den Raum abdunkeln können.
(V20) Markieren Sie bei sehr heller Beleuchtung die Grenzen zwischen
Violett, Blau, Grün, Gelb und Rot.
Wiederholen Sie die Markierung bei schwacher Beleuchtung.
Der Gelbbereich und der Blaubereich ist bei schwacher Beleuchtung kleiner geworden und vor allen der Grünbereich größer.
Dieses Phänomen wird Umstimmung oder Bezold-Brückesches Phänomen genannt.

* 31. Wenn Testtafeln zu Farbstörungen vorhanden sind, kann man einige testen ([58]).

* 32. Von Licht wird auch unsere „Innere Uhr" synchronisiert, wobei -ohne daß wir es direkt bemerken - z. B. kurzwelliges Licht die Melatonin-Bildung behindert, uns also abends wachhält ([59]).
Auf jeden Fall muß man darauf hinweisen, daß wir hier nur auf einer Ebene der Erklärungen sind und daher Erfahrungen aus anderen Erkenntnisbereichen nicht angesprochen haben ([60]).
Man sollte aber wenigstens darüber staunen, daß ein so genial funktionierendes System - wenn es so wie hier angedeutet funktioniert- in unserer Entwicklungs- geschichte entstanden ist.

Quellen

1	**45** Die 6 Filter kosteten 1968 zusammen etwa DM 40.-.
2	**3**, Seite 166; **27**, Seite 22
3	**3**, Seite 283
4	**26**, Seite 152 Abb. 14, entspricht dem Versuch von Newton
5	**26**, Seite 152 Abb. 15, entspricht dem Versuch von Goethe
6	**31**
7	**34**, Seite168; **37**, Seite 223 [#];**40**, Seite351

[#] Der Prachtkäfer soll durch seinen IR- und Geruch-Sinn von Feuer angelockt werden.

Dazu meinte (1965) entweder der Doktorand K.E. Linsenmaier oder der Assistent Dr. H. Markl (beide später Biologie-Professoren), daß es biologisch wohl sinnvoll sei, wenn nur der Geruch die Käfer anlockt, die Wärmerezeptoren an den Beinen sie dagegen vor einem zu heißen Landeplatz warnen.

8	**26**, Seite 168
9	**9**, Bd. 1, Seite 215; **43**, Seite 230
10	**4**, Seite 105
11	C für Cyan, M für Magenta, Y für Yellow (Gelb) und K für Key (Schwarz)
12	**3**, Seite 239; **43**, Seite 199 und 302
13	**43**, Seite 337
14	**43**, Seite 288
15	**19**, Seite 212
16	**3**, Seite 434; **9**, Bd.1, Seite 248; **30**, Seite 742; **33**, Seite 253; **35**, Seite 121; **38**, Seite 103
17	**13**, Seite 487; **43**, Seite 269
18	**19**, Seite 212
19	**43**, Seite 82
20	**18**; **35**, jeweils gut 70 Varianten beschrieben
21	**28**, Seite100; **36**, Seite 140; **43**, Seite 296
22	**19**, Seite 222
23	**3**, Seite 149; **12**, Seite 394; **30**, Seite 740; **32**, Seite 106

Die Duplizitätstheorie und die Zonentheorie wurden von Johannes A. von Kries (1853 - 1928) aufgestellt (**38**).

24	**8**, Seite 215; **14**, Seite 120; **32**, Seite 106
25	**19**, Seite 212; **2**, Seite 298; **30**, Seite750; **33**, Seite 248
26	**30**, Seite 735; **33**, Seite 235
27	**6**, Seite 10; **10**, Seite 511; **19**, Seite 211; **30**, Seite746; **38**, Seite79; **43**, Seite 241
28	**8**, Seite239 und 240; **11**; 12, Seite 398; **14**, Seite129; **24**, Seite 108; **26**, Seite 111
29	**9**, Bd.1, Seite 253; **16**, Seite 547; **26**, Seite102; **32**, Seite119
30	**39** mündliche Mitteilung

Er machte mich auch auf die Texte **1**, **29** und **38** aufmerksam.

Den Namen „de Flies" wußte er nicht mehr genau. Dazu habe ich nichts gefunden

31	**22**, schriftliche Mitteilung
32	**16**, Seite 547
33	**6, 19, 22, 32**
34	**10**, Seite 512, **12**, Seite 393; **33**, Seite 239

35	**19**, 217; **9**, Bd. 1, 265
36	**19**, Seite215; **32**, Seite125
37	**38**, Seite 81
38	**32**, Seite126 (wie Rechnung)
39	**32**, Seite126 (als Waage gezeichnet); **43**, Seite 252
40	**33**, Seite 255
41	**20**, Seite 105; **24**, Seite 110
42	**10**, Seite 511; **33**, Seite 254
43	**30**, Seite 726
44	**9**, Bd. 2, Seite 80 **oder**

44 **9**, Bd. 2, Seite 80 **oder**

Man leuchtet im abgedunkelten Raum mit einer hellen LED ins Auge und probiert die Richtung aus, bis man die Blutgefäße als Schatten sieht. Da man schnell adaptiert, muß die Lichtquelle zittrig bewegt werden. **Oder**
Man kann auch eine LED in einen Ausschnitt z.B. einer schwarzen Kunststoff-Filmdose (Abb. 11) kleben und in diese hineinblicken. Das funktioniert dann auch bei normaler Raumbeleuchtung.

45	**21**, Seite 99 und 128
46	**26**, Seite 157, Abb. 31A bis 33B; **42**, Seite 231
47	**5**
48	**19**, Seite 219
49	**6**, Seite 24
50	**1**, IV, Seite 545; V, Seite 213; **9**, Bd. 1, Seite 281 und Bd. 2, Seite 166
51	**9**, Bd.1, Seite 280f und 289
52	**38**, Seite 170
53	**7**, Seite 23; **9**, Bd. 1, Seite 79
54	**7**, Seite 23; **24**, Seite 49
55	**2**, Seite 313
56	**36**, Seite 297
57	**38**, Seite 61 **oder**

57 **38**, Seite 61 **oder**

Man probiert mit verschieden grün-blau (und gelb-grün) gefärbten Wollfäden aus, ob man welche findet, die im Hellen eher blau (gelb) aussehen, bei schwacher Beleuchtung aber in beiden Fällen grün erscheinen. Leider fand ich für diesen Versuch nur einen entsprechenden grün-blauen gefärbten (dicken) Wollfaden.

58	**41**, **42**
59	Erwähnt bei einer Diskussion der Veranstaltung „Light Treatment an Biological Rhythms", als es um Melatonin, Serotonin und die „Innere Uhr" ging. - Ffm. 1995, sowie „Abstract" von **44**
60	Z.B. **17, 18, 23, 29, 36**

Abbildungen

Alle Abbildungen sind eigene Zeichnungen.
Die Veränderungen bei *1* bis *8* beziehen sich auf
eine vereinheitlichte Darstellung.
1, 4 und *5* verändert nach **3**
2 verändert nach **7** und **8**
3 und *6* verändert nach **9.**
7 und *8* verändert nach **7** und **24**
9 verändert nach **2**
10 verändert nach **36**
11 Anordnung zu Aufgabe 9

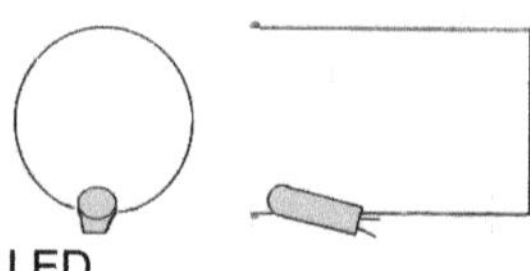

Aufsicht Querschnitt

Abb. 11

Literatur
(1) Baumann, C. Beiträge zur Physiologie des Sehens, Teil IV und V - Pflügers Archiv für die ges. Physiologie - Verlag Strauss, Bonn, 1912 und 1916
(2) Baumgartner, G.: Physiologie des zentralen Sehsystems. In (15)
(3) Bergmann-Schäfer: Lehrbuch der Experimentalphysik- Bd. III Optik - Verlag de Gruyter, Berlin 1978
(4) Bertsch, A.: Dynamische Biologie: In Trockenheit und Kälte - Otto Maier Verlag, Ravensburg 1977
(5) Birett, H.: Versuche zur Sinnesphysiologie - simultane und sukzessive Farbmischung mit einer Dreifarbdiode. MNU, Duemmler Verlag, Bonn 1991
(6) Börsken, N.: Kein Nebenmaximum der Absorption des Erythrolabs im Violettbereich - Dissertation an der Uni-Freiburg 1984
(7) Börsken, N. / Hassenstein, B.: Edwin LANDs Beiträge zur Erforschung des Farbensehens - Sonderdruck aus Farbe + Design 35/36, 1985
(8) Bornschein, H. / Hanitzsch, R.: Die Netzhaut. In (15)
(9) v. Campenhausen, Chr.: Die Sinne des Menschen, Bd. I und Bd. II - Thiemeverlag, Stuttgart 1981
(10) Czihak, G. / Langer, H. / Ziegler, H.: Biologie - Springerverlag, Berlin 1992
(11) Dartnall: Mikrospektrophotometrie (oder so ähnlich in englisch), 1983 (?)
          (nicht genauer notiert).
(12) Dudel, J / Menzel, R. / Schmidt, R. F.:Neurowissenschaften- Springer, Berlin 1996
(13) v. Frisch, K.: Tanzsprache und Orientierung der Bienen - Springerverlag, Berlin 1965
(14) Ganong, W.F.: Medizinische Physiologie - Springerverlag, Berlin 1972
(15) Gauer-Kramer-Jung: Physiologie des Menschen Bd.13 Sehen - Verlag Urban & Schwarzenberg, München 1978
(16) Gerthsen, Chr./Vogel, H.: Physik - Springer Verlag, Berlin 1993
(17) v. Goethe, W.: Zur Farbenlehre - Didaktischer Teil - dtv Bd. 40, München 1963
(18) v. Goethe, W.: Zur Geschichte der Farbenlehre - Erster und zweiter Teil - dtv Bd. 41/42, München 1963
(19) Hassenstein, B.: Modellrechnung zur Datenverarbeitung beim Farbensehen des Menschen - Kybernetik, 4. Bd. S. 209 - 223. Springerverlag, Berlin 1968
(20) Hassenstein, B.: Erzählte Erfahrung I - Freiburger Universitätsblätter Heft 114 - Rombachverlag, Freiburg 1991
(21) Hassenstein, B.: Biologische Kybernetik - Quelle und Meyer, Heidelberg, 1973
(22) Hemminger, H.: Schriftliche Mitteilung 1977
(23) Jones. L. A.: Die Sprache der Filmfarbe - Film-Technik, 1929, Heft 18 S. 383 – 387 (Übersetzung der Kodak-Veröffentlichung zu den Sonochrom-Farben: Nr. 393/I und II)
(24) Jung, R.: Einführung in die Sinnesphysiologie. In: (15)
(25) Kallus, D. Birett, H.: Einführung in die Biologie SII - Sinnes-, Nerven- und Muskelzellen - Diesterwegverlag, Frankfurt 1887
(26) Küppers, H.: Das Grundgesetz der Farbenlehre - Verlag dumont, Köln 1978
(27) Lüscher,M.: Der Lüscher-Test - Rowohlt, Hamburg 1971
(28) Newton, I.: Optik, I. Buch - Verlag E. Engelmann, Leipzig 1898
(29) Oswald, W.: Einführung in die Farbenlehre - Reclam, Leipzig 1919
(30) Rein / Schneider: Physiologie des Menschen - Springerverlag, Berlin 1966
(31) Rietschel, P.: Vorlesung, Frankfurt/Main 1962
(32) Ronacher, B./ Hemminger, H.: Einführung in die Nerven- und Sinnesphysiologie - Verlag Quelle & Meyer Heidelberg 1976

(**33**) Schmidt, R.F. / Thews, G.: Einführung in die Physiologie des Menschen - Springer-verlag, Berlin 1976

(**34**) Schöne, H.: Formen und Mechanismen dr Raumorientierung in: Grzimeks Tierleben, Bd. 3- Kindler, Zürich 1974

(**35**) Silvestrini, N. / Fischer, E. P.: Farbsysteme in Kunst und Wissenschaft - Dumont 2002

(**36**) Steinbrenner, J. / Glasauer, S.: Farben - Betrachtungen aus Philosophie und Naturwissenschaften, Suhrkamp Verlag, Frankfurt 2007

(**37**) zur Strassen, R.: Die Käfer - in: Grzimeks Tierleben, Verhaltensforschung, Kindler, Zürich 1979

(**38**) Trendelenburg, W.: Der Gesichtssinn - Grundzüge der Physiologischen Optik- Springer, Berlin 1943

(**39**) Trümper, G.: mündliche Mitteilung meines Augenarztes in Limburg, 1987

(**40**) Vogel, G. / Angermann, H.: dtv-Atlas zur Biologie Bd. 2 – dtv, München 1968

(**41**) Weill, G.: Stillings pseudo-isochromatische Tafel zur Prüfung des Farbensinnes. (Mit Tafeln zur Entlarvung der Simulation)-Thiemeverlag, Leipzig 1918

(**42**) 20 Testbilder Apotheken-Umschau 12B, 1983

(**43**) Welsch, N / Liebmann, C. Chr.: Farben- Natur Technik Kunst Spektrum-Elsevier, München 2004

(**44**) Wright, H. / Lack, L.: Effect of light wavelength on suppression and phase delay of the melatonin rhythm - Chronobiol. Int, 2001

(**45**) Jenaer Glaswerke Schott, Mainz

Beschreibungen vieler der aufgezählten und lange bekannten Phänomene und Versuche findet man natürlich auch in gängigen Oberstufen-Schulbüchern für Biologie und Physik oder in sonstigen Nachschlagewerken.